Markscheiderisches Übungsbuch

für Studierende des Bergfaches und für Bergreferendare

Herausgegeben von

Gehrke
Oberbergamtsmarkscheider
und Dozent an der Bergakademie Clausthal

Mit 9 Figuren

Berlin und Leipzig 1920
Vereinigung wissenschaftlicher Verleger
Walter de Gruyter & Co.
vormals G. J. Göschen'sche Verlagshandlung :: J. Guttentag, Verlagsbuchhandlung :: Georg Reimer :: Karl J. Trübner :: Veit & Comp.

Druck von Metzger & Wittig in Leipzig.

Inhalt.

Vermessungstechnische Grundsätze:

1. Keine Messung ohne Sicherung.

2. Vom Großen ins Kleine arbeiten.

Messungsfehler.

1. Grobe Fehler (z. B. Verzählen der Latten- oder Meßbandlagen).

   Ausgeschieden durch Wiederholungsmessung.

2. Konstante Fehler (z. B. fehlerhafte Übertragung eines Firstenpunktes auf die Sohle durch ein Lot mit nicht zentrierter Spitze).

   Sie sind + oder — und hängen vom Betrage der gemessenen Größe nicht ab.

   Aufgedeckt durch Wahl von verschiedenen Meßverfahren.

   Ausgeschieden durch ein zweckmäßiges Verfahren mit geprüften und berichtigten Apparaten.

3. Regelmäßige oder einseitig wirkende Fehler (z. B. ein Meßband hat nicht die Solllänge). Fehler und Verbesserung haben stets dasselbe Vorzeichen.

   Sie sind + oder — und hängen vom Betrage der gemessenen Größe ab. Die Fehler wachsen mit der Zuglänge.

   Aufgedeckt durch Wiederholungsmessungen mit verschiedenerlei Instrumenten und Methoden.

   Ausgeschieden durch Verwendung geprüfter Instrumente und Apparate und durch Anwendung von Fehler-Ausscheidungsmethoden.

   Alle Messungen sind von den Fehlern 1. bis 3. zu befreien.

4. Regellose oder zufällige Fehler (z. B. bei der Aneinanderreihung von Meßlatten entstehen einmal kleine Zwischenräume und dann wieder erfolgen Rückstöße, oder das benutzte Meßband ändert infolge der wechselnden Temperatur seine Länge, oder bei Verwendung der Nivellierlatte werden Schätzungsfehler in den mm begangen).

Sie sind + und — und können sich unter Umständen aufheben. Sie können herabgedrückt werden durch Verwendung guter Instrumente, durch günstige, äußere Umstände und durch geübte Beobachter.

Fehlergrenzen.

1. Kompaß.

Nach den „Allgem. Vorschr. f. Markscheider". Seitliche Abweichung $< 1:500$

Querabweichung $[q] = \pm \frac{\varepsilon'}{\varrho'} s \sqrt{n}$.

$\pm \varepsilon'$ = mittl. Fehler einer Ablesung,

ϱ = Reduktionsfaktor; $\varrho' = 3438'$,

s = Seitenlänge,

n = Anzahl der Seiten (Züge).

Also kurze, lieber mehr Seiten.

2. Theodolit.

Seitl. Abweichung $< 1:1500$; für Durchschläge $< 1:3000$

Querabweichung $[q] = \pm \frac{m_w'' \cdot s}{\varrho'' \sqrt{3}} \sqrt{\frac{L^3}{s^3}}$.

$\pm m_w''$ = mittl. Winkelfehler,

s = Seitenlänge,

L = Zuglänge $= n \cdot s$,

ϱ = Reduktionsfaktor; $\varrho'' = 206265$.

Also möglichst lange Seiten.

3. Nivellierinstrument.

Höhendifferenz $< 1:20000$ der horiz. Länge; für Durchschläge $< 1:40000$; beim Gradbogen $< 1:2500$

Mittl. Fehler eines Niv. $M = \pm \sqrt{\frac{L}{s} \cdot \mu^2}$.

L = Länge der niv. Strecke,

s = Zielweite,

μ = mittl. Fehler einer Zielung,

μ setzt sich zusammen aus unvermeidlichen Fehlern der Ablesung und unbemerkten Libellenausschlägen. Beide Fehler wachsen mit der Zielweite.

$\mu = k \cdot s$,

k = Konstante, gefunden aus obigen Fehlereinwirkungen,

$M = \pm k \sqrt{L \cdot s}$.

Also keine langen Zielweiten (in der Regel 50 m).

Einige Richtlinien für Vermessung und Berechnung.

A. Vermessungen (Winkel- oder Handbücher).

1. Man versäume keine Gelegenheit, um die Richtigkeit seiner Messungen nachzuprüfen.
2. Man begehe zunächst das zu vermessende Objekt und dann erst disponiere man.
3. Jeder Zug und jedes Nivellement muß am Kopfe der zu findenden Werte eine Eintragung über den Zweck der Messung und über das benutzte Instrument enthalten.
4. Ein offener Kompaßzug ist zu sichern durch Ausführung eines Gegenzuges, möglichst in einer der ersten Messung entgegengesetzten Meßrichtung. Die Meßpunkte für den Gegenzug sind anders zu wählen als beim 1. Zuge; nur Anfangs- und Endpunkt bleiben dieselben.
5. Ein offener Theodolitzug ist ebenfalls mit anderen Festpunkten zu wiederholen. Die beiden letzten Punkte vor Ort sind beizubehalten und für diese Station also 2 Richtungswinkel (Azimute) zu errechnen. Ausnahmsweise kann bei erneuter Zentrierung zwischen Messung des Haupt- und Ergänzungswinkels (vergl. Theodolitmessung B. 2. e) die Winkelmessung als doppelt ausgeführt betrachtet werden. Die am Schlusse der Winkelmessung vielfach gebräuchliche Kontrolle der noch vorhandenen Horizontierung und Zentrierung führt zur Selbsttäuschung.
6. Bei gestreckten Zügen ist darauf zu achten, daß die Zentrierung quer zur Meßrichtung besonders scharf erreicht wird, weil ein kleiner Zentrierfehler in diesem Sinne das Meßergebnis wesentlich beeinflußt.
7. Ein offenes Nivellement ist unbedingt zweimal auszuführen.
8. Man zeichne klare und verständliche Skizzen in die Winkelbücher (Handbücher).

   Alle Längen schreibe man so, daß sie rechtwinklig zur Meßrichtung stehen, also nur gelesen werden können, wenn man die Meßlinie in die Meßrichtung bringt. Endzahlen doppelt unterstreichen.

   Ist eine Zahl falsch eingetragen, so verbessere man nicht,

sondern man durchstreiche die falsche Zahl und schreibe die richtige darüber.

9. Man versehe die gehefteten Winkelbücher mit Seitenzahlen.

B. Berechnungen (Reinschriften).

1. Man versäume keine Gelegenheit, um die Richtigkeit seiner Berechnungen nachzuprüfen.
2. Jeder Zug und jedes Nivellement muß oberhalb der Berechnung eine kurze Überschrift mit Angabe über den Zweck des Zuges, über das benutzte Instrument, über das angewandte Verfahren, über den Vermessungshorizont usw. enthalten.
3. Zu jeder Zahlenangabe, deren Herkunft nicht ohne weiteres zu ersehen ist, muß eine kurze Erläuterung oder ein Hinweis gesetzt werden; z. B. gegeben, entnommen aus S. ... und dgl.
4. Etwaige Abschlußdifferenzen sind klar und deutlich anzugeben. Linearer Schlußfehler ist zu berechnen.
5. Bei Theodolitzügen ist die richtige Ableitung des Richtungswinkels (im Vordruck fälschlich als „Neigungswinkel" angegeben) der letzten Seite gegen die Abszissenachse durch Addition der Polygonwinkel und des Richtungswinkels der Anfangsstation (letzterer ist in Spalte „Brechungswinkel" in Klammern einzutragen) nachzuprüfen.

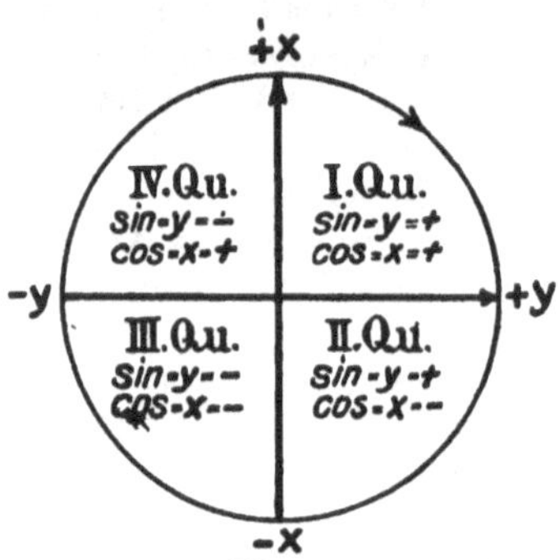

Fig. 1.

6. Bei der Berechnung der Teilkoordinaten der Polygonzüge sind 5- oder 6stellige Logarithmentafeln zu benutzen, und die Werte auf 2 Dezimalen zu berechnen. Für die Logarithmenrechnung sind die Richtungswinkel auf 10" (nach oben oder unten) abzurunden, für die Ableitung der Richtungswinkel sind aber die gemessenen Einer-Sekunden zu berücksichtigen.

Negativen Logarithmen ist stets ein *n* anzufügen. Man überprüfe die Berechnung durch Verwendung der Rechenmaschine oder des Rechenschiebers.

7. Bei geschlossenen oder abgeschlossenen Zügen sind die Verbesserungen an den Teilkoordinaten anzubringen und — möglichst mit farbiger Tinte — darüber zu schreiben. Also die Teilkoordinaten vor der Bildung der Koordinaten addieren.
8. Die Koordinatenberechnung erfolgt aus den verbesserten Teilkoordinaten. Am Schlusse sind die Teilordinaten und Teilabszissen mit ihren Verbesserungen zu addieren und es ist festzustellen, ob die Schlußkoordinaten richtig berechnet worden sind.
9. Bei trigonometrischen Berechnungen der Richtungen und Längen aus gegebenen Koordinaten nach trig. Form 8 sind sämtliche Proben auszuführen.
10. Die geometrischen Nivellements sind entsprechend den gefundenen Meßwerten auf 3 Dezimalen, die trigonom. Niv. auf 2 Dezimalen zu berechnen.

    Zur Probe der Rechnung sind die Rück- und Vorblicke, sowie die Unterschiede zu addieren. Das Ergebnis aus beiden Rechnungen muß übereinstimmen.
11. Etwaige Unterschiede bei Abschlüssen oder bei Wiederholungsmessungen sind an den Unterschieden anzubringen und — möglichst mit farbiger Tinte — darüber zu schreiben. Mit den verbesserten Höhenunterschieden sind die Höhenzahlen zu berechnen.

    Aus der Höhenzahl des Anfangspunktes, aus der Summe der Unterschiede und aus der Summe der Verbesserungen ist die Höhenzahl des Schlußpunktes zu berechnen.
12. Über die Spalten für die Rück- und Vorblicke sind beim Gebrauch von Aufsetzlatten + und —, beim Gebrauch von Hängelatten — und + zu setzen.
13. Man gewöhne sich an Rechnungen mit dekadischer Ergänzung.
14. Bei den tachymetrischen Berechnungen sind die Längen auf 1 Dezimale, die Höhen auf 2 Dezimalen zu berechnen.
15. Für alle Berechnungen verwende man die Vordrucke der Kat. Anw. IX.
16. Die Reinschriften sind mit ausführlichen und klaren Handskizzen zu versehen. Es ist eine zusammenhängende Polygonzugsskizze zu liefern.

Kompaßmessungen.

A. Exzentrizitätsfehler.

1. Konstante. Wenn Stiftspitze und Nadelenden nicht in einer Vertikalebene liegen. Stets gleiche Unterschiede an beiden Nadelenden.
   Richtiger Wert = arithmetisches Mittel aus beiden Nadelablesungen (bei Südspitze 180° abziehen!).
2. Gesetzmäßig veränderliche. Wenn Stiftspitze exzentrisch zum Teilkreise. Ungleiche Unterschiede an beiden Nadelenden in den verschiedenen Stellungen.
   Richtiger Wert = arithmetisches Mittel aus beiden Nadelablesungen (bei Südspitze 180° abziehen!).
3. Gesetzlose. Wenn Aufhängepunkt im Hütchen veränderlich. Unbrauchbarer Kompaß. Leichte Erschütterung (Kratzen) bringt das Hütchen oft in dio richtige Lage.

B. Prüfung des Hängezeuges.

Grundriß.

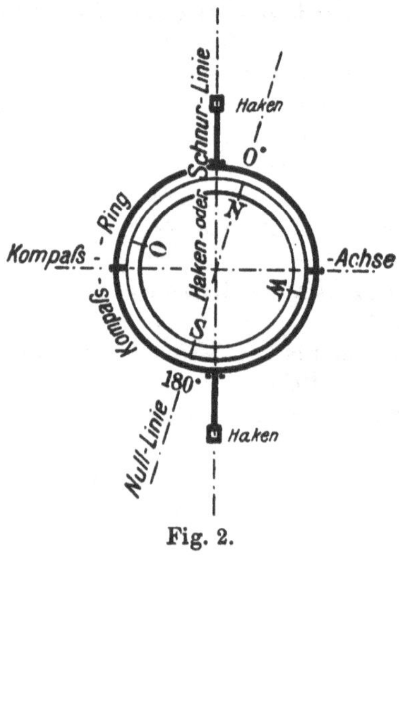

Fig. 2.

1. Kompaßachse senkrecht zur Hakenlinie (Kollimationsfehler). Fehler = k, Fehlerwirkung = $[k]$, γ = Neigungswinkel.

$$[k] = \frac{k}{\cos \gamma}.$$

Prüfung durch Anhängen des Kompasses an Schnüre, die in ein und derselben Vertikalebene liegen, aber verschiedene Neigungswinkel haben (Lattenprobe).

Berichtigung durch vorsichtiges Biegen der Hakenarme. Die massigen, starren Kompässe (Freiberger) haben den Fehler meistens nicht.

Fehler wird durch Umhängen nicht ausgeschieden.

2. a Kompaßachse, b Nulllinie sollen horizontal sein (Neigungsfehler).

Zu a. Fehler = c, Fehlerwirkung = $[c]$, Neigungswinkel = γ.

$$[c] = c \cdot \sin \gamma.$$

Prüfung durch Umhängen. Ausscheidung durch Einführung des Mittelwertes. Die Hängezeuge mit starrem Kompaßring (Freiberger) haben den Fehler meistens nicht.

Zu b. Ablesung = φ, Soll = ψ, Neigung der Nulllinie gegen die Horizontale = α. Fehler veränderlich. $\varphi = 0^0$ oder 90^0, so ist $\varphi - \psi = 0$ (Minimum), $\varphi = 45$, so ist $\varphi - \psi$ ein Maximum. $\alpha = 3^0$; $\varphi - \psi = 2{,}5$ (innerhalb der Ablesegrenze). Kann unberücksichtigt bleiben.

3. Nulllinie parallel zur Hakenlinie (Orientierungsfehler). Fehler wird durch Beobachtung einer Orientierungslinie unschädlich gemacht.

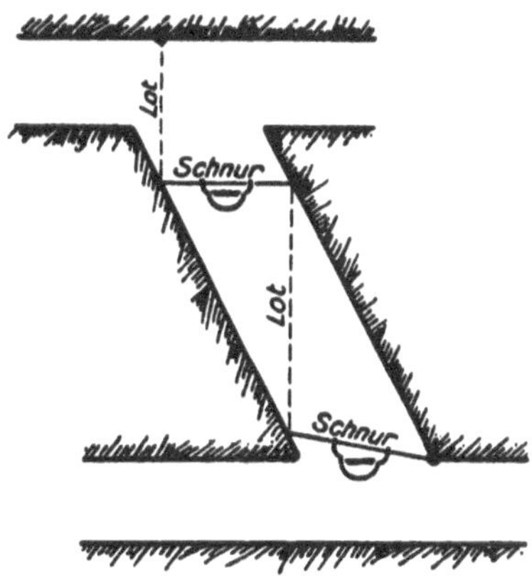

Fig. 3.

C. Meßverfahren.

1. Gewöhnliches.

Das Hängezeug wird an die Meßkette oder Schnur mit N oder 0^0 der Teilung in Meßrichtung aufgehängt. Ablesen an beiden Nadelspitzen. Gemittelter Wert (bei Südspitze 180° abziehen) ist der gesuchte Streichwinkel.

Lange Stationen vermeiden (nicht über 20 m)! Steile Schnüre durch Absetzen umgehen (vgl. Fig. 3)!

2. In Gegenwart von Eisen.

Kompaß darf bei Ermittlung der Streichwinkel von zwei Stationen im Schnittpunkte derselben seine Lage nicht ändern; er muß also zentrierbar sein (z. B. Stativkompaß oder Langersches Hängezeug) und es muß eine eisenfreie Station (kann auch eine eisenbehaftete Theodolitstation sein) vorhanden sein.

a) Durch Einführung der Verbesserung.

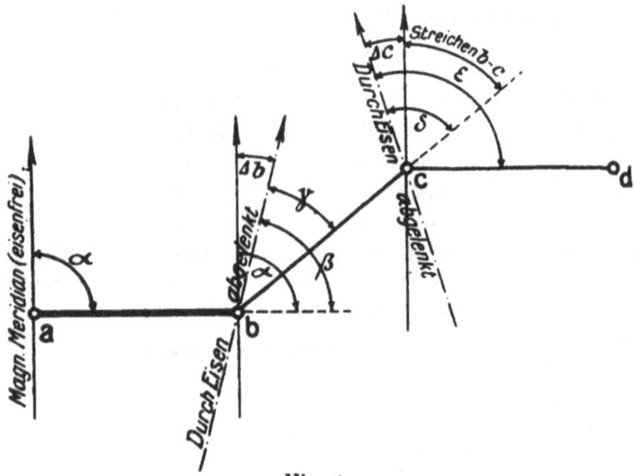

Fig. 4.

$$\text{Streichen } (a - b) = \alpha \text{ (eisenfrei)},$$

$$\Delta b = \alpha - \beta,$$

$$\beta = \text{Streichen } (b - a) - 180^{\circ}.$$

d. h. Süden oder 180° vorweg, daher $-$.

Nach Figur ist $\Delta b = +$

$$\text{Streichen } (b - c) = \gamma + \Delta b.$$

$$\Delta c = \text{Streichen } (b - c) - \delta.$$

Nach Figur ist $\Delta c = -$

$$\text{Streichen } (c - d) = \varepsilon - \Delta c.$$

Beispiel (nicht nach Figur).

Von	Streichwinkel v = Vorwärts = + r = Rückwärts = −	Verbesserung Δ	Eisenfreier Streichwinkel	Bis
a	eisenfrei		57° 35′	b
b	r − 141° 35′ v + 152° 20′	− 84° 0′	68° 20′	c
c	r − 172° 30′ v + 103° 10′	− 104° 10′	359° 0′	d
d	r − 12° 0′ v + 36° 50′	− 13° 0′	23° 50′	e

b) Durch Einführung des Außenwinkels.

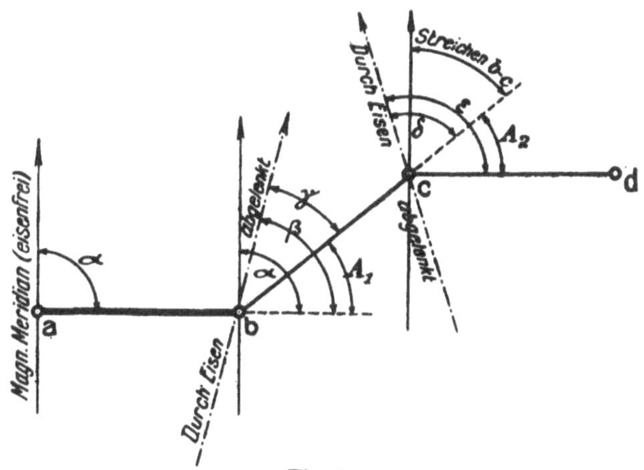

Fig. 5.

Streichen $(a - b) = \alpha$ (eisenfrei),

$$A_1 = \beta - \gamma,$$

$$\beta = \text{Streichen } (b - a) - 180^\circ,$$

d. h. Süden oder 180° vorweg, daher —

Nach Figur ist $A_1 = -$

$$\text{Streichen } (b - c) = \alpha - A_1,$$

$$A_2 = \varepsilon - \delta.$$

Nach Figur ist $A_2 = +$

$$\text{Streichen } (c - d) = \text{Streichen } (b - c) + A_2.$$

Beispiel (nicht nach Figur).

Von	Streichwinkel v = Vorwärts = + r = Rückwärts = −	Außenwinkel A	Eisenfreier Streichwinkel	Bis
a	eisenfrei		57° 35′	b
b	r − 141° 35′ v + 152° 20′	+ 10° 45′	68° 20′	c
c	r − 172° 30′ v + 103° 10′	− 69° 20′	359° 00′	d
d	r − 12° 0′ v + 36° 50′	+ 24° 50′	23° 50′	e

Gradbogen.

Haupterfordernis: 90°-Linie soll parallel der Schnurlinie gehen.

Prüfung: Durch Umhängen (Haken vertauschen). Unterschied in der Ablesung vor und nach dem Umhängen = doppelter Fehler. Mittelwert = richtiger Neigungswinkel.

Berichtigung: $\frac{1}{2} f$ an Justierschrauben der Haken. Sind keine Justierschrauben vorhanden, so ermittele man Größe und Vorzeichen des Fehlers in einer bestimmten Lage des Gradbogens und stelle den Fehler in Rechnung.

f = flache Länge,

γ = Neigungswinkel.

Sohle $= f \cos \gamma$ ⎫ Ermittelung unter Benutzung von
Seigerteufe $= f \sin \gamma$ ⎭ Tabellen oder des Rechenschiebers.

Kompaßmessungen.

Von Zeichen	Streichen			Sohle	Neigung			Flache Länge	Seigerteufe	
									steigend	fallend
	Welt-geg.	Grad	Min.	m	±	Grad	Min.	m	m	m

Höhenzahl		Bis Zeichen	Skizzen und Bemerkungen
±	m		

Von Zeichen	Streichen			Sohle	Neigung			Flache Länge	Seigerteufe	
	Welt-geg.	Grad	Min.	m	±	Grad	Min.	m	steigend m	fallend m

Höhenzahl		Bis Zeichen	Skizzen und Bemerkungen
±	m		

Von Zeichen	Streichen			Sohle	Neigung			Flache Länge	Seigerteufe	
									steigend	fallend
	Welt-geg.	Grad	Min.	m	±	Grad	Min.	m	m	m

Höhenzahl		Bis Zeichen	Skizzen und Bemerkungen
±	m		

Von Zeichen	Streichen			Sohle	Neigung			Flache Länge	Seigerteufe	
	Welt-geg.	Grad	Min.	m	±	Grad	Min.	m	steigend m	fallend m

Höhenzahl		Bis Zeichen	Skizzen und Bemerkungen
±	m		

Von Zeichen	Streichen			Sohle	Neigung			Flache Länge	Seigerteufe	
									steigend	fallend
	Welt-geg.	Grad	Min.	m	±	Grad	Min.	m	m	m

Höhenzahl		Bis Zeichen	Skizzen und Bemerkungen
±	m		

Von Zeichen	Streichen			Sohle	Neigung			Flache Länge	Seigerteufe	
									steigend	fallend
	Welt-geg.	Grad	Min.	m	±	Grad	Min.	m	m	m

Höhenzahl		Bis Zeichen	Skizzen und Bemerkungen
±	m		

Theodolitmessungen.

A. Prüfung und Berichtigung des Theodoliten.

1. Vertikalachse (Limbusachse) nicht lotrecht (Vertikalachsenfehler).

Prüfung und Berichtigung:

a) Zunächst allgemeine Horizontalstellung (Libelle in Richtung einer Fußschraube und dann in Richtung der beiden anderen Fußschrauben einspielen lassen). Danach, wenn beide Blasenenden sichtbar sind, stelle man die Libelle längs der Verbindung zweier Fußschrauben, lasse die Blase auf Mittelmarke einspielen, drehe um 180° und tilge den entstehenden Ausschlag zur Hälfte mittelst der Fußschrauben, den Rest mit den vertikal wirkenden Justierschrauben der Libelle. Dann drehe man das Instrument um 90° und bringe den ganzen sich zeigenden Ausschlag mit der dritten Fußschraube zum Verschwinden.

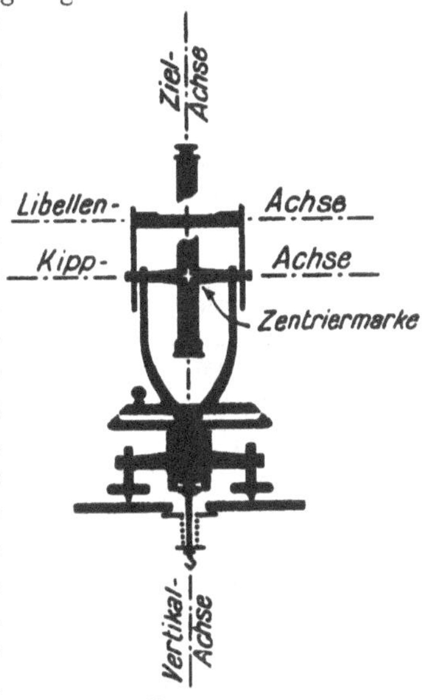

Fig. 6.

Wiederholen des Verfahrens (in der Regel nur einmal). Libellenachse ist nunmehr normal auf der lotrechten Vertikalachse.

b) Lotrechtstellung der Vertikalachse kann auch erfolgen, ohne daß Blase auf Mittelmarke einspielt. Vorrausgesetzt, daß beide Ränder der Blase sichtbar sind, stelle man wie bei 1. a) die Libelle längs der Verbindung zweier Fußschrauben, lese vor und nach Drehung um 180° die Stellungen der Blase ab und stelle das Mittel der Ablesungen (Spielpunkt) mittelst der Fußschrauben ein. Danach Instr. um 90° drehen und auf denselben Spielpunkt mit der dritten Fußschraube einstellen.

Verfahren wiederholen wegen ungenauer Parallelstellung.

Soll hier Libellenachse normal zur lotrechten Vertikalachse stehen, so muß die Blase mit den vertikal wirkenden Justierschrauben zum Einspielen gebracht werden.

Fehler wird **nicht** ausgeschieden durch Messung in beiden Lagen des Fernrohrs.

2. Kippachse senkrecht zur Vertikalachse (Kippachsenfehler).

Prüfung:

a) Durch Reiterlibelle.

Libelle ablesen. Emporheben der Libelle, Drehung der Kippachse um 180°, Wiederaufsetzen und Ablesen der Libelle. Ausschlag = doppelter Kippachsenfehler.

Berichtigung: $^1/_2$ Ausschlag durch Heben oder Senken des Kippachsenlagers beseitigen. Kippachse ist nunmehr normal zur Vertikalachse. Soll Libellenachse parallel zur Setzlinie stehen, so muß die Blase durch die Justierschraube zum Einspielen gebracht werden.

b) Durch Anvisierung eines ruhig hängenden Lotes oben und unten. Ausschlag = doppelter Fehler.

c) Durch künstlichen Horizont. Ausschlag = doppelter Fehler.

Berichtigung zu b) und c): $^1/_2$ Fehler beseitigen durch Heben oder Senken des Kippachsenlagers.

Fehler wird ausgeschieden durch Messung in beiden Lagen des Fernrohrs.

3. Zielachse senkrecht zur Kippachse (Zielachsenfehler).

Prüfung: a) Anzielen eines entfernten Punktes. Fernrohr umlegen! Abweichung = doppelter Fehler.

b) Anzielen eines entfernten Punktes. Fernrohr durchschlagen und Drehung der Alhidade um 180°. Abweichung = doppelter Fehler.

c) Anzielen eines entfernten Punktes P (1. Lage). Durchschlagen des Fernrohrs und Einweisen eines Punktes P_1 (2. Lage). Anzielen des Punktes P in der 2. Lage durch Alhidadendrehung. Nochmaliges Durchschlagen und Einweisen eines Punktes P_2 (1. Lage). Entfernung $P_1 - P_2$ = vierfacher Fehler.

Berichtigung: Verschiebung des Fadenkreuzes bei *a* und *b* auf die halbe Abweichung, bei *c* auf einviertel Abweichung.

Fehler wird ausgeschieden durch Messung in beiden Lagen des Fernrohrs.

4. Am Höhenkreise soll bei horizontalem Fernrohr der Zeiger *1* (Index) auf 0° (bei Höhenwinkeln) oder 90° (bei Zenitwinkeln) stehen (Indexfehler).

Prüfung: Durch Messung eines Höhenwinkels in beiden Lagen des Fernrohrs. Bei Zenitwinkel erhält man in der 2. Lage den Ergänzungswinkel zu 360°. Unterschied = doppelter Fehler.

Berichtigung: Anzielung des bei der Prüfung gewählten Höhenpunktes und Einstellen des Zeigers auf den aus der Prüfung berechneten, richtigen Vertikalwinkel mittelst der Verstellschrauben des Zeigers.

Ist Höhenkreis-Alhidadenlibelle vorhanden, so wird diese ebenfalls durch die Berichtigungsschraube jetzt zum Einspielen gebracht.

Fehler wird ausgeschieden durch Messung in beiden Lagen des Fernrohrs.

5. Exzentrizität der Alhidade wird ausgeschieden durch Ablesen an beiden Nonien und Einführung des Mittelwertes.
6. Gegenseitige Neigung der Limbus- und Alhidadenachse wird bei Theodoliten mit Reichenbachschem Achsensystem (meistens) durch die Art der Winkelmessung ausgeschaltet.

Bei Satzbeobachtungen dadurch, daß Limbus von einer Gebrauchsstellung zur anderen um $\frac{360^0}{n}$ (n = Anzahl der Sätze) gedreht wird. Bei Achsensystemen mit stets lotrechter Alhidadenachse darf der Limbus um $\frac{180^0}{n}$ gedreht werden.

Bei Repetitionsmessung wird der Fehler durch das Gauß-Schumachersche Repetierverfahren ausgeschaltet (vgl. Meßverfahren des Theodoliten).

7. Richtige Lage der Zentriermarke. Man stellt bei horizontalem Theodoliten die Zentriermarke unter die Spitze eines ruhig hängenden Lotes und dreht den Limbus. Verläßt die Zentriermarke bei der Drehung die Lotspitze, so ist die Zentriermarke falsch. Verbesserung durch Mechaniker.
8. Richtige Lage des Fadenkreuzes (Parallaxe). Prüfung durch sog. Tanzprobe. Berichtigung durch Verschieben des Fadenkreuzes (vom Auge fort oder zum Auge hin).

B. Meßverfahren.

Gehe ich in der Meßrichtung, mache am neuen Standpunkt (Scheitelpunkt) halt und linksum, so sehe ich in den zu messenden Winkel (Polygonwinkel) hinein. Der rückwärts liegende Polygonpunkt ist linker, der vorwärts liegende rechter Zielpunkt.

1. Einfache Winkelmessung.

a) Fernrohr in 1. Lage auf linken Zielpunkt. Ablesung an beiden Nonien. Mittelbildung.

b) Drehung der Alhidade rechtsläufig auf rechten Zielpunkt. Ablesung an beiden Nonien. Mittelbildung. Winkelgröße in der 1. Lage des Fernrohrs = Mittel b — Mittel a.

Bemerkung: Geht bei der Drehung der Alhidade auf rechten Zielpunkt der Nonius über 360° hinweg, so ist Winkelgröße = Mittel b + 360° — Mittel a.

c) Fernrohr durchschlagen (2. Lage). Fernrohr auf linken Zielpunkt. Ablesung an beiden Nonien. Mittelbildung.

d) Drehung der Alhidade auf rechten Zielpunkt. Ablesung an beiden Nonien. Mittelbildung. Winkelgröße in der 2. Lage des Fernrohrs = Mittel d — Mittel c. Wahrscheinlichster Winkelwert $= \frac{\text{Winkelgröße 1. Lage + Winkelgröße 2. Lage}}{2}$.

2. Repetitionswinkelmessung.

a) Fernrohr in 1. Lage auf linken Zielpunkt. Limbus- und Alhidadenschraube festklemmen. Ablesung an beiden Nonien. Mittelbildung. Oder (für Anfänger): Nonius I auf 0° stellen und Alhidadenschraube (oben) festklemmen. Fernrohr mit gelockerter Limbusschraube (unten) auf linken Zielpunkt stellen und ebenfalls festklemmen.

b) Alhidadenschraube (oben) lösen und Fernrohr durch rechtsläufige Drehung der Alhidade auf rechten Zielpunkt einstellen. Ablesung an Nonius I.

c) Fernrohr durchschlagen (2. Lage), Limbusschraube (unten) lösen. (Alhidade bleibt festgeklemmt.) Fernrohr durch Drehung des Limbus auf linken Zielpunkt einstellen und Limbusschraube festklemmen.

d) Alhidadenschraube (oben) lösen und Fernrohr durch Drehung der Alhidade auf rechten Zielpunkt einstellen. Alhidadenschraube festklemmen. Ablesung an beiden Nonien. Mittelbildung.

Bemerkung: Ist bei der Drehung der Nonius I über 360° hinweggegangen, so muß zur letzten Ablesung 360° addiert werden.

Größe des Polygonwinkels (wenn bei der 1. Visur zu a der Nonius nicht auf 0° stand)

$$= \frac{\text{Mittel } d - \text{Mittel } a}{2},$$

(wenn bei der 1. Visur zu a der Nonius auf 0^0 stand)

$$= \frac{\text{Mittel } d}{2}.$$

e) Theodolit auf dem Stativkopfe etwas verschieben und neu horizontieren und zentrieren. (Herabdrückung des Zentrierfehlers.)

f) Fernrohr in 2. Lage auf rechten Zielpunkt. Limbus- und Alhidadenschraube festklemmen. Ablesung an beiden Nonien. Mittelbildung. Oder wie zu a angegeben.

g) Alhidadenschraube lösen und Fernrohr durch rechtsläufige Drehung der Alhidade auf linken Zielpunkt einstellen. Ablesung an Nonius I.

h) Fernrohr durchschlagen (1. Lage). Limbusschraube lösen (Alhidade bleibt festgeklemmt). Fernrohr durch Drehung des Limbus auf rechten Zielpunkt einstellen und Limbusschraube festklemmen.

i) Alhidadenschraube lösen und Fernrohr durch Drehung der Alhidade auf linken Zielpunkt einstellen. Alhidadenschraube festklemmen. Ablesung an beiden Nonien. Mittelbildung.

Größe des Ergänzungswinkels (wenn bei der Visur zu f Nonius nicht auf 0^0)

$$= \frac{\text{Mittel } i - \text{Mittel } f}{2},$$

(wenn bei der Visur zu f Nonius auf 0^0)

$$= \frac{\text{Mittel } i}{2}.$$

Polygonwinkel + Ergänzungswinkel müssen $= 360^0$ sein. Etwaiger Unterschied auf beide Winkel gleichmäßig verteilen! Fehler = Soll — Haben. Fehler und Verbesserung haben dasselbe Vorzeichen.

Beispiel siehe im Formular!

Selbstverständlich kann man mehr als zweimal repetieren. Das Verfahren ist analog dem angegebenen.

3. Repetitionsmessung nach Gauß-Schumacher.

a) Fernrohr in 1. Lage auf linken Zielpunkt. Limbus- und Alhidadenschraube festklemmen. Ablesung an beiden Nonien. Mittelbildung.

b) Alhidadenschraube lösen und Fernrohr durch Drehung der Alhidade auf rechten Zielpunkt einstellen. Rohablesung an einem Nonius.

c) Limbusschraube lösen und Fernrohr durch Drehung des Limbus auf linkes Ziel zurückführen. (Alhidade bleibt festgeklemmt.) Limbusschraube festklemmen.

d) Alhidadenschraube lösen und Einstellung des rechten Zieles durch Alhidadendrehung.

c und d so lange wiederholen, bis die halbe Sollzahl der beabsichtigten Repetitionen erreicht ist.

Ablesung bei eingestelltem rechten Ziel an beiden Nonien. Mittelbildung.

e) Fernrohr durchschlagen (2. Lage). Limbusschraube lösen. (Alhidade bleibt festgeklemmt.) Fernrohr durch Drehung des Limbus auf rechten Zielpunkt einstellen.

f) Alhidadenschraube lösen und Alhidade in rechtsläufigem Sinne drehen bis Fernrohr auf linkem Zielpunkt. Alhidadenschraube festklemmen.

g) Limbusschraube lösen und Fernrohr durch Drehung des Limbus auf rechtes Ziel zurückführen. (Alhidade bleibt festgeklemmt.)

h) Alhidadenschraube lösen und Einstellung des linken Zieles durch Alhidadendrehung.

g und h so lange wiederholen, bis die zweite halbe Sollzahl der beabsichtigten Repetitionen erreicht ist.

Zum Schluß Ablesung bei eingestelltem linken Ziel an beiden Nonien. Mittelbildung.

Schlußwert müßte gleich Anfangswert a sein. Beispiel siehe im Formular!

4. Satzbeobachtung.

a) Fernrohr in 1. Lage. Fernrohr auf 1. Ziel einstellen. Limbus- und Alhidadenschraube fest. Ablesung an beiden Nonien. Mittelbildung.

b) Alhidadenschraube lösen (Limbusschraube bleibt fest) und von links nach rechts die anderen Ziele einstellen.

Bei jedem Ziel Ablesung an beiden Nonien. Mittelbildung. Der 1. Satz ist beendet.

c) Verstellung des Teilkreises (Limbus) um roh $\frac{360^0}{n}$ oder $\frac{180^0}{n}$ (vgl. A, Ziffer 6), wenn $n =$ Anzahl der geplanten Sätze.

d) Fernrohr durchschlagen (2. Lage). Einstellung des letzten Zieles mit Limbusschraube. Ablesung an beiden Nonien. Mittelbildung.

e) Alhidadenschraube lösen (Limbusschraube bleibt fest) und Einstellung der Ziele in rechtsläufiger Drehung von rechts nach links, also in umgekehrter Reihenfolge wie zu b.

Bei jedem Ziel Ablesung an beiden Nonien. Mittelbildung. Der 2. Satz ist beendet.

Aus allen Richtungen das Mittel bilden. Beispiel siehe im Formular!

Theodolitmessungen.

Standpunkt	Zielpunkt		Fernrohrlage I							Fernrohrlage II							Anzahl
			Nonius					Mittel		Nonius					Mittel		
			I			II				I			II				
	links	rechts	Gr.	M.	S.	M.	S.	M.	S.	Gr.	M.	S.	M.	S.	M.	S.	
			Umbruchstrecke der 37. Strecke westl. d.														
			Rep. Theod. No. 781 Fennel.														
			Repetitionswinkelmessung.														
16	15		22	48	00	48	30	48	15								
		17	229	16	—												1
		17								75	44	30	45	00	44	45	2
16	17		346	05	00	06	00	05	30								
		15	139	36	—												1
		15								293	07	30	08	30	08	00	2
			Situationsaufnahme am Marien-Schachte														
			Rep. Theod. No. 604 Hildebrand.														
			Repetitionsmessung nach Gauß-Schuhmacher.														
A.	B.		02	01	15	01	15	01	15								
		C.	(32	18	—)												1
		C.	62	35	45	35	45	35	45								2
		B.	02	01	30	01	30	01	30								2
				38	30	38	30	38	30								

Mittel aus I und II			Reduzierte Mittel			Skizzen und Bemerkungen	
Gr.	M.	S.	Gr.	M.	S.		
Kaiser-Schachtes							
						Einf. Winkel	*Abgegl. Winkel*
22	48	15	0	0	0		
75	44	45	52	56	30	+15 206° 28′ 15″	206° 28′ 30″
			+360				
346	05	30	0	0	0		
293	08	00	307	02	30	+15 153° 31′ 15″	153° 31′ 30″
	46	30	359	59	00	359° 59′ 30″	360° 00′ 00″
	2× 2×	48′ 5′	15″ = 30″ =	36 11	30 00	+30	
				46	30		
n-fach. Winkel. Einf. Wink.							
60	34	30	30	17	−4 15	30° − 17′ − 11″	
60	34	15	30	17	+3 08		
60	34	22					
02	01	22					
62	35	44					

Standpunkt	Zielpunkt		Fernrohrlage I							Fernrohrlage II							Anzahl
			Nonius					Mittel		Nonius					Mittel		
			I			II				I			II				
	links	rechts	Gr.	M.	S.	M.	S.	M.	S.	Gr.	M.	S.	M.	S.	M.	S.	
			Klein-Triangulation im Burgstädter Revier														
	(Schacht Marie) Skalen-Mikroskop-Theod. 609 Hildebrand.																
			Satzbeobachtung.														
			1. Satz.														
A.	*1*		*0*	*00*	*00*	*00*	*42*	*00*	*21*								
		2	*51*	*06*	*36*	*07*	*42*	*07*	*09*								
		3	*261*	*52*	*30*	*53*	*36*	*53*	*03*								
				59	*06*	*02*	*00*	*00*	*33*								
			2. Satz.														
A.	*3*									*81*	*22*	*36*	*23*	*36*	*23*	*06*	
		2								*230*	*36*	*36*	*37*	*42*	*37*	*09*	
		1								*179*	*30*	*06*	*30*	*48*	*30*	*27*	
											29	*18*	*32*	*06*	*30*	*42*	

Mittel aus I und II Gr.	M.	S.	Reduzierte Mittel Gr.	M.	S.	Skizzen und Bemerkungen
						Gemittelte Richtungen.
			0	00	00	$0^0\,00'\,00''$
			51	06	48	$51^0\,06'\,45''$
			261	52	42	$261^0\,52'\,40''$
				59	30	$59'\,25''$
3×	00	21		1	03	
				00	33	
			261	52	39	
			51	06	42	
			00	00	00	
				59	21	
3×	30	27		31	21	
				30	42	

Standpunkt	Zielpunkt		Fernrohrlage I							Fernrohrlage II							Anzahl
			Nonius					Mittel		Nonius					Mittel		
			I			II				I			II				
	links	rechts	Gr.	M.	S.	M.	S.	M.	S.	Gr.	M.	S.	M.	S.	M.	S.	

Mittel aus I und II			Reduzierte Mittel			Skizzen und Bemerkungen
Gr.	M.	S.	Gr.	M.	S.	

Standpunkt	Zielpunkt		Fernrohrlage I							Fernrohrlage II							Anzahl
			Nonius					Mittel		Nonius					Mittel		
			I			II				I			II				
	links	rechts	Gr.	M.	S.	M.	S.	M.	S.	Gr.	M.	S.	M.	S.	M.	S.	

Mittel aus I und II			Reduzierte Mittel			Skizzen und Bemerkungen
Gr.	M.	S.	Gr.	M.	S.	

Standpunkt	Zielpunkt		Fernrohrlage I							Fernrohrlage II							Anzahl
			Nonius I			Nonius II		Mittel		Nonius I			Nonius II		Mittel		
	links	rechts	Gr.	M.	S.	M.	S.	M.	S.	Gr.	M.	S.	M.	S.	M.	S.	

Mittel aus I und II			Reduzierte Mittel			Skizzen und Bemerkungen
Gr.	M.	S.	Gr.	M.	S.	

Standpunkt	Zielpunkt		Fernrohrlage I							Fernrohrlage II							Anzahl
			Nonius					Mittel		Nonius					Mittel		
			I			II				I			II				
	links	rechts	Gr.	M.	S.	M.	S	M.	S.	Gr.	M.	S.	M.	S.	M.	S.	

Mittel aus I und II			Reduzierte Mittel			Skizzen und Bemerkungen
Gr.	M.	S.	Gr.	M.	S.	

Standpunkt	Zielpunkt		Fernrohrlage I							Fernrohrlage II							Anzahl
			Nonius					Mittel		Nonius					Mittel		
			I			II				I			II				
	links	rechts	Gr.	M.	S.	M.	S.	M.	S.	Gr.	M.	S.	M.	S.	M.	S.	

Mittel aus I und II			Reduzierte Mittel			Skizzen und Bemerkungen
Gr.	M.	S.	Gr.	M.	S.	

Standpunkt	Zielpunkt		Fernrohrlage I							Fernrohrlage II							Anzahl
			Nonius					Mittel		Nonius					Mittel		
			I			II				I			II				
	links	rechts	Gr.	M.	S.	M.	S.	M.	S.	Gr.	M.	S.	M.	S.	M.	S.	

Mittel aus I und II			Reduzierte Mittel			Skizzen und Bemerkungen
Gr.	M.	S.	Gr.	M.	S.	

Standpunkt	Zielpunkt		Fernrohrlage I							Fernrohrlage II							Anzahl
			Nonius					Mittel		Nonius					Mittel		
			I			II				I			II				
	links	rechts	Gr.	M.	S.	M.	S.	M.	S.	Gr.	M.	S.	M.	S.	M.	S.	

Mittel aus I und II			Reduzierte Mittel			Skizzen und Bemerkungen
Gr.	M.	S.	Gr.	M.	S.	

Standpunkt	Zielpunkt		Fernrohrlage I							Fernrohrlage II							Anzahl
			Nonius					Mittel		Nonius					Mittel		
			I			II				I			II				
	links	rechts	Gr.	M.	S.	M.	S.	M.	S.	Gr.	M.	S.	M	S.	M.	S.	

Mittel aus I und II			Reduzierte Mittel			Skizzen und Bemerkungen
Gr.	M.	S.	Gr.	M.	S.	

Tachymetrie.

A. Prüfung des Tachymeter-Theodoliten.

Die gleiche wie bei jedem andern Theodoliten.

Da die Horizontalwinkel nicht rechnerisch, sondern zeichnerisch verwendet werden, ist diese Prüfung von untergeordneter Bedeutung.

Da die Höhenwinkel rechnerische Verwendung finden und die Höhenwinkelmessung nur in einer Lage des Fernrohrs vorgenommen wird, so muß der Indexfehler des Höhenkreises beseitigt werden, oder man muß wenigstens seine Größe und sein Vorzeichen kennen und beide in Rechnung setzen (vgl. Theodolitmessungen A, Ziffer 4).

Bei Ramsdenschen Okular und festen Distanzfäden ist d = Abstand des oberen vom unteren Faden,

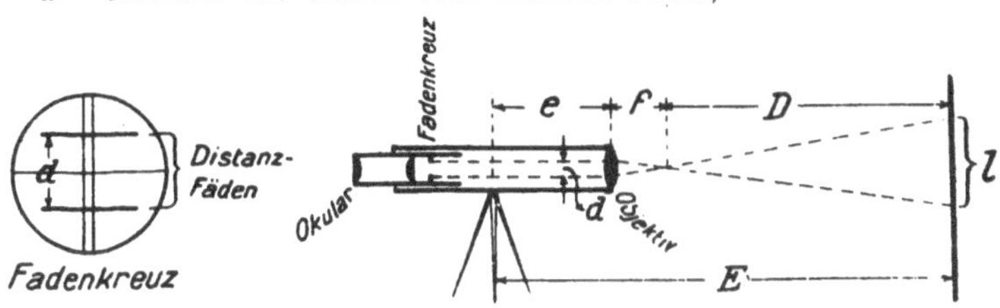

Fig. 7.

c = Additionskonstante $= e + f$ = Entf. Obj. bis Instr.-Mitte + Brennw. d. Obj.,

k = Multiplikationskonstante $= \frac{f}{d}$ = Quot. aus Brennw. d. Obj. und Fadenabst.; k meistens $= 100$,

$E = c + k \cdot l$ = Stammzahl (bei horizontaler Visur).

Die Nachprüfung der angegebenen Größe für k ergibt sich praktisch am besten aus Vergleichung unmittelbar gemessener Entfernungen mit den entsprechenden Distanzfädenangaben. Man trägt vom Standpunkt zunächst die Größe c vor und steckt vom letzten Punkt aus in söhligen Entfernungen von 10, 20, 30, 40, 50 . . . m Pflöcke aus, auf welche man die Niv.-Latte setzt und mit den Distanzfäden das Stück l abliest. Vergleichen!

Bei geneigten Visuren, wenn α = Neigungswinkel (Höhenw.),

E = Länge vom Standpunkt des Instrumentes bis Standpunkt der Niv.-Latte $= (c + k \cdot l) \cos^2 \alpha$,

h = Höhe der Kippachse über oder unter der Mittelablesung an der Latte $= c + k \cdot l) \frac{1}{2} \sin 2\alpha$.

B. Meßverfahren.

Man stellt das Instrument horizontal und zentrisch über dem Standpunkt auf.

a) Instrumentenhöhe messen.

b) Nonius I auf 0^0 stellen (Festklemmen der Alhidadenschraube und Fernrohr durch Drehung des Limbus auf Anfangsziel (meistens Polygonpunkt) stellen. Sobald eingestellt, darf an der Limbusschraube (unten) nichts mehr verändert werden.

c) Alhidadenschraube (oben) lösen und Fernrohr durch Drehung der Alhidade auf die andern Ziele richten.

Fadenablesung an der Latte durch Fernrohrkippschraube so einrichten, daß die niedrige Lattenablesung (im Instrument oben) auf vollem Dezimeterstrich steht.

Ablesung des Horizontalwinkels nur schätzungsweise bis auf 10 Minuten mit dem 0-Strich des Nonius I.

Ablesung des Höhenwinkels — am zweckmäßigsten Zenitwinkel, weil bei diesen Verwechslung zwischen Elevations- und Depressionswinkel ausgeschlossen — auf Minuten am Nonius I des Höhenkreises.

d) Klare und deutliche Handzeichnungen auf die Seite für Bemerkungen! Entfernungen über 100 m vermeiden, weil die Messungen dann zu ungenau werden.

Beispiel siehe im Formular!

Tachymetrische Messungen.

Standpunkt	Instrumentenhöhe	Ziel	Fadenablesung m	Horizontalwinkel Grad	Horizontalwinkel Min.	Höhenwinkel ±	Höhenwinkel Grad	Höhenwinkel Min.
		Aufnahme der Dorotheer Halde						
		Tachymeter-Theodolit Nr. 80 Fennel.						
ρII	*1,24*	*ρI*		*0*	*00*	*Zenitwinkel*		
		1	*1,436* *1,000*	*86*	*10*		*82*	*12*
		2	*0,628* *0,400*	*196*	*30*		*93*	*05*

Skizzen und Bemerkungen

Standpunkt	Instrumentenhöhe	Ziel	Fadenablesung	Horizontalwinkel		Höhenwinkel		
			m	Grad	Min.	±	Grad	Min.

Skizzen und Bemerkungen

Standpunkt	Instrumentenhöhe	Ziel	Fadenablesung m	Horizontalwinkel		Höhenwinkel		
				Grad	Min.	±	Grad	Min.

Skizzen und Bemerkungen

Standpunkt	Instrumentenhöhe	Ziel	Fadenablesung	Horizontalwinkel		Höhenwinkel		
			m	Grad	Min.	±	Grad	Min.

Skizzen und Bemerkungen

Standpunkt	Instrumentenhöhe	Ziel	Fadenablesung	Horizontalwinkel		Höhenwinkel		
			m	Grad	Min.	±	Grad	Min.

Skizzen und Bemerkungen

Standpunkt	Instrumentenhöhe	Ziel	Fadenablesung m	Horizontalwinkel		Höhenwinkel		
				Grad	Min.	±	Grad	Min.

Skizzen und Bemerkungen

Standpunkt	Instrumentenhöhe		Ziel	Fadenablesung m		Horizontalwinkel		Höhenwinkel		
						Grad	Min.	±	Grad	Min.

Skizzen und Bemerkungen

Standpunkt	Instrumentenhöhe	Ziel	Fadenablesung	Horizontalwinkel		Höhenwinkel		
			m	Grad	Min.	±	Grad	Min.

Skizzen und Bemerkungen

Standpunkt	Instrumentenhöhe	Ziel	Fadenablesung	Horizontalwinkel		Höhenwinkel		
			m	Grad	Min.	±	Grad	Min.

Skizzen und Bemerkungen

Standpunkt	Instrumentenhöhe	Ziel	Fadenablesung	Horizontalwinkel		Höhenwinkel		
			m	Grad	Min.	±	Grad	Min.

Skizzen und Bemerkungen

Standpunkt	Instrumentenhöhe	Ziel	Fadenablesung	Horizontalwinkel		Höhenwinkel		
			m	Grad	Min.	±	Grad	Min.

Skizzen und Bemerkungen

Nivellierinstrument.

A. Prüfung und Berichtigung.

a) Haupterfordernis: Zielachse parallel Libellenachse.

Prüfung: Nivellement aus der Mitte ist stets richtig (auch bei Nichtparallelität der Achsen). Nivellement aus dem Endpunkte nur dann richtig, wenn Parallelität vorhanden.

Also Niv. aus Mitte und Endpunkt. Aus Niv. aus Mitte richtigen Höhenunterschied berechnen und bei Niv. aus Endpunkt vergleichen. Bei letzterem läßt sich berechnen, welchen Punkt der Latte das Fadenkreuz (Zielachse) schneiden muß, wenn Parallelität vorhanden sein soll.

Berichtigung: Bei Niv.-Instr. mit festverbundenen Teilen und mit Kippschraube den berechneten Lattenpunkt mit Kippschraube einstellen und Libelle durch die vertikal wirkende Berichtigungsschraube zum Einspielen bringen.

Bei Niv.-Instr. mit festverbundenen Teilen aber ohne Kippschraube den berechneten Lattenpunkt bei einspielender Libelle durch die vertikal wirkenden Berichtigungsschrauben des Fadenkreuzes einstellen.

Prüfung durch veränderte Aufstellung wiederholen.

Bemerkung: Bei Niv. Instr. mit losen Teilen, Kippschraube und Reversionslibelle kann die Prüfung von einem Standpunkte aus erfolgen. Man visiert eine senkrechte Skalenlatte in 1. und 2. Lage des Fernrohrs bei einspielender Libelle an. Ist die Parallelität nicht vorhanden, so unterscheiden sich die Ablesungen an der Latte um das Stück d.

Berichtigung: Einstellung des Fadenkreuzes mit der Kippschraube auf $\frac{d}{2}$ und Libelle durch vertikale Berichtigungschraube einspielen lassen.

b) Libellenachse senkrecht zur Vertikalachse.

α) Bei Niv.-Instr. mit festen Teilen ohne Kippschraube (norddeutsche Bauart) muß die Vertikalachse scharf lotrecht stehen. Forderung zu b geboten.

β) Bei Niv.-Instr. mit Kippschraube ist es erwünscht,

die Vertikalachse möglichst lotrecht zu stellen. Es genügt die Einstellung durch Dosenlibelle. Forderung zu b erwünscht.

Prüfung und Berichtigung zu b, α: Allgemeine Horizontalstellung. Beide Blasenenden sichtbar. Libelle längs der Verbindung zweier Fußschrauben stellen, Blase einspielen lassen, um 180° drehen und den Ausschlag zur Hälfte mit den Fußschrauben, den Rest mit den vertikalwirkenden Justierschrauben der Libelle tilgen. Instrument um 90° drehen und den ganzen sich zeigenden Ausschlag mit der dritten Fußschraube beseitigen.

Verfahren wiederholen.

Libellenachse ist normal zur Vertikalachse.

Oder: Allgemeine Horizontalstellung. Beide Blasenenden sichtbar. Libelle längs der Verbindung zweier Fußschrauben stellen, ablesen, um 180° drehen, wieder ablesen und auf das Mittel der Ablesungen (Spielpunkt) mit den Fußschrauben einstellen. Instrument um 90° drehen und mit der dritten Fußschraube auf den Spielpunkt einstellen.

Verfahren wiederholen.

Vertikalachse steht nunmehr lotrecht.

Soll hier Libellenachse normal Vertikalachse sein, so muß Mittelmarke Spielpunkt werden, d. h. die Blase mit Hilfe der Justierschraube einspielen lassen.

c) Man prüfe die Skalenlatten (Niv.-Latten) auf ihre Sollänge und wiederhole die Prüfung in gewissen Zeitabständen.

B. Meßverfahren.

Man nivelliere möglichst aus der Mitte (also gleichlange Visuren). Bei Niv.-Instr. mit festen Teilen ohne Kippschraube stelle man die Vertikalachse lotrecht, also einmal Einspielen der Libelle in Richtung einer Fußschraube, dann in Richtung der beiden anderen Fußschrauben. Anvisierung der lotrecht gehaltenen Skalenlatte. Bei Niv.-Instr. mit Kippschraube stelle man die Vertikalachse mit Hilfe der Dosenlibelle genähert lotrecht. Bei jeder Anvisur der Skalenlatte bringt man die Röhrenlibelle durch die Kippschraube zum scharfen Einspielen.

Bei der Anvisur muß die Latte lotrecht gehalten werden; sie muß deshalb mit einer Dosenlibelle oder mit einem Lot versehen sein. (Zur Prüfung der Dosenlibelle hänge man die Latte frei auf und lasse die Blase der Dosenlibelle einspielen.)

Meistens haben die Latten cm-Teilung. Die mm müssen dann geschätzt werden (Schätzungsfehler). Zur Herabdrückung dieser Fehler dienen Wendelatten, die auch gleichzeitig die übrigen Ablesewerte kontrollieren.

Man vermeide Visuren über 50 m Länge!

Bei langen Visuren muß Erdkrümmung und Refraktion berücksichtigt werden.

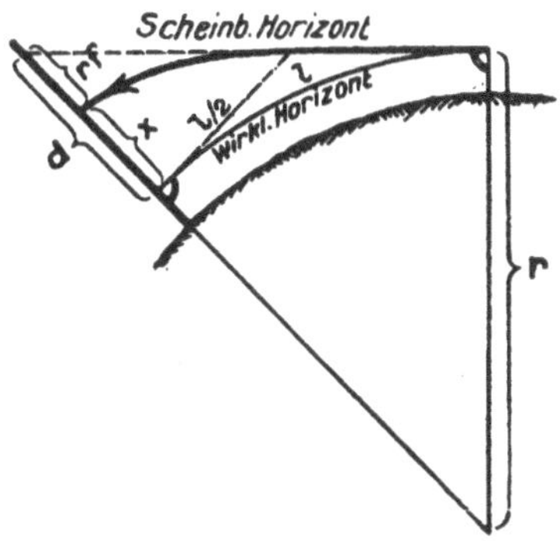

Fig. 8.

d = Einwirkung der Erdkrümmung,

rf = „ „ Refraktion,

Fehler $= x = d - rf$,

$$d = \frac{l^2}{2r} \quad (r = 6\,380\,000 \text{ m}),$$

$$rf = k \cdot d \quad (k = \text{Refraktionskoeffizient} = 0{,}07 \text{ bis } 0{,}2;$$
$$\text{im Mittel} = 0{,}13) = k \cdot \frac{l^2}{2r},$$

$$x = \frac{l^2}{2r}(1 - k).$$

Bei Verwendung von Aufsetzlatten schreibe man in die Spalte der Zielhöhen beim Rückblick +, beim Vorblick —; bei Verwendung von Hängelatten beim Rückblick —, beim Vorblick +. Übergang von Aufsetzlatte zur Hängelatte ist in Spalte „Bemerkungen“ einzutragen, und die Zielhöhe in die richtige Spalte (also untereinander) einzutragen.

Beispiel siehe im Formular!

Trigonometrische Höhenmessung.

Ermittelung des Höhenunterschiedes h zwischen Kippachse eines Höhenkreisinstruments und Ziel bei kleinen wagerechten Abständen s vom Standpunkt bis Ziel durch Messung des Zenitwinkels z, d. h. des Winkels, den Visierachse und Lotrichtung bilden (vgl. Fig. 9).

Formel $h = s \cdot \operatorname{ctg} z$.

Muß statt s die flache Länge f gemessen werden, so wird:

$$s = f \cdot \sin z,$$
$$h = f \cdot \cos z.$$

Bei größeren Entfernungen Erdkrümmung und Strahlenbrechung berücksichtigen:

$$h = s \cdot \operatorname{ctg} z + \frac{s^2}{2r}(1 - k).$$

Beispiel einer Zenitwinkelmessung.

Ziel	Fernrohrlage	Zeiger I	Zeiger II	Mittel	Indexverbesserung	Verbesserte Zenitwinkel
				Standpunkt 8		
9	I	102 44 00	282 44 30	102 44 15	+3 04	102 47 19
	II	257 10 00	77 09 15	257 09 38	+3 03	257 12 41
		359 54 00	359 53 45	359 53 53	+6 07	360 00 00

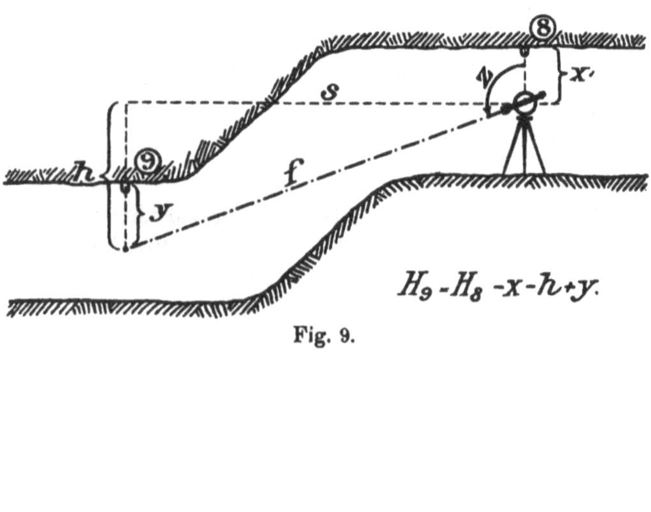

Fig. 9.

Geometrische Nivellements.

Von Punkt	Zielhöhen Rückbl. m	Zwischen m	Vorbl. m	Unterschiede + Steigen m	− Fallen m	Höhenzahl ±	m	Bis Punkt
	Nivellement zur Feststellung der Hängebank des Blindschachtes							
	Thekla. Niv. Instr. m. Kippschr. Nr. 416 Hoffmann.							
	Normalhoriz. = Oberharzer Normalhoriz. = + 600 m N.N.							
	Mit Aufsetzlatte					−	*468, 326*	*⊙96*
⊙96	+ *1, 326*		− *0, 435*	*0, 891*		−	*467, 435*	*1*
1	*2, 303*		*0, 728*	*1, 575*		−	*465, 860*	*2*
2	*0, 728*							
	0, 631			*1, 359*		−	*464, 501*	*⊙3*
	4, 988		*1, 163*	*3, 825*				
	1, 163							
	3, 825							
	Weiter mit Hängelatte							
⊙3	− *0. 529*		+ *1, 237*	*0, 708*		−	*463, 793*	*⊙4*
⊙4	*0, 631*		*1, 331*	*0, 700*		−	*463, 093*	*⊙5*
⊙5	*0, 611*							
	1, 013				*1, 624*	−	*464, 717*	*⊙97*
	2, 784		*2, 568*	*1, 408*	*1, 624*	−	*3, 609*	
	2, 568				*1, 408*	−	*468, 326*	*⊙96*
	0, 216				*0, 216*			

Skizzen und Bemerkungen.

Bolzen am Ottiliae-Scht.

Schienenoberkante vor Querschl. n. Norden

Übergang zur Hängelatte

Krampe in der Firste

Krampe in der Firste

Krampe in der Firste

Übergang zur Aufsetzlatte

Bolzen am Thekla-Schachte

Von Punkt	Zielhöhen			Unterschiede		Höhenzahl		Bis Punkt
	Rückbl. m	Zwischen m	Vorbl. m	+ Steigen m	− Fallen m	±	m	

Skizzen und Bemerkungen

Von Punkt	Zielhöhen			Unterschiede		Höhenzahl		Bis Punkt
	Rückbl. m	Zwischen m	Vorbl. m	+ Steigen m	− Fallen m	±	m	

Skizzen und Bemerkungen

Von Punkt	Zielhöhen			Unterschiede		Höhenzahl		Bis Punkt
	Rückbl. m	Zwischen m	Vorbl. m	+ Steigen m	− Fallen m	±	m	

Skizzen und Bemerkungen

Von Punkt	Zielhöhen			Unterschiede		Höhenzahl		Bis Punkt
	Rückbl. m	Zwischen m	Vorbl. m	+ Steigen m	− Fallen m	±	m	

Skizzen und Bemerkungen

Von Punkt	Zielhöhen			Unterschiede		Höhenzahl		Bis Punkt
	Rückbl. m	Zwischen m	Vorbl. m	+ Steigen m	− Fallen m	±	m	

Skizzen und Bemerkungen

Von Punkt	Zielhöhen			Unterschiede		Höhenzahl		Bis Punkt
	Rückbl. m	Zwischen m	Vorbl. m	+ Steigen m	− Fallen m	±	m	

Skizzen und Bemerkungen

Von Punkt	Zielhöhen			Unterschiede		Höhenzahl		Bis Punkt
	Rückbl. m	Zwischen m	Vorbl. m	+ Steigen m	− Fallen m	±	m	

Skizzen und Bemerkungen

Von Punkt	Zielhöhen			Unterschiede		Höhenzahl		Bis Punkt
	Rückbl. m	Zwischen m	Vorbl. m	+ Steigen m	− Fallen m	±	m	

Skizzen und Bemerkungen

Von Punkt	Zielhöhen			Unterschiede		Höhenzahl		Bis Punkt
	Rückbl. m	Zwischen m	Vorbl. m	+ Steigen m	− Fallen m	±	m	

Skizzen und Bemerkungen

Von Punkt	Zielhöhen			Unterschiede		Höhenzahl		Bis Punkt
	Rückbl. m	Zwischen m	Vorbl. m	+ Steigen m	− Fallen m	±	m	

Skizzen und Bemerkungen

FSC
www.fsc.org
MIX
Papier | Fördert
gute Waldnutzung
FSC® C083411

Zeitfracht Medien GmbH
Ferdinand-Jühlke-Straße 7
99095 Erfurt, Deutschland
produktsicherheit@kolibri360.de